艺术设计
ARTDESIGN

高等院校艺术学门类「十三五」规划教材

建筑速写

JIANZHU SUXIE

主编 唐殿民 张勇

副主编 韩雄 江澜

罗浪 张静

华中科技大学出版社
http://www.hustp.com
中国·武汉

内 容 简 介

　　本书是针对建筑学、城市规划、艺术设计等专业的学生及爱好者学习的参考用书。本书贴近教学大纲的要求，其内容循序渐进、清晰连贯，将复杂的技巧化为简易的理解，让读者易于掌握。本书共分六章：建筑速写概论，建筑速写工具，建筑速写线形基础训练，建筑速写配景训练，建筑速写的透视与步骤，建筑速写作品赏析。

图书在版编目（CIP）数据

建筑速写 / 唐殿民，张勇主编. — 武汉 : 华中科技大学出版社, 2015.1

ISBN 978-7-5680-0588-3

Ⅰ.①建…　Ⅱ.①唐…　②张…　Ⅲ.①建筑艺术 – 速写技法 – 高等学校 – 教材　Ⅳ.①TU204

中国版本图书馆 CIP 数据核字(2015)第 022739 号

建筑速写　　　　　　　　　　　　　　　　　　唐殿民　　张勇　主编

策划编辑：曾　光　彭中军

责任编辑：彭中军

封面设计：龙文装帧

责任校对：刘　竣

责任监印：张正林

出版发行：华中科技大学出版社（中国·武汉）

　　　　　武昌喻家山　　邮编：430074　　电话：(027) 81321915

录　　排：龙文装帧

印　　刷：湖北新华印务有限公司

开　　本：880 mm×1230 mm　1/16

印　　张：3.5

字　　数：104 千字

版　　次：2015 年 2 月第 1 版第 1 次印刷

定　　价：28.00 元

前言

JIANZU SUXIE

建筑速写是建筑学、城市规划、艺术设计等专业的必修课。通过建筑速写的学习使读者掌握表现的方法与规律，能快速有效地"记录"事物，拓展创造性思维，为专业设计打下良好的基础。建筑速写这门专业基础课程是非常重要的。在建筑速写的学习上要有科学有效的学习方法：对基础线形要进行长期的训练，这是建筑速写的基础；对透视原理要深入理解，这是建筑速写的框架；此外，还要有良好的学习心态，只有量的积累才有质的提高，熟能生巧、积少成多，每天坚持画，才能实现短期小进步、长期大进步，进而必然会有大的收获。希望本书能对学生的学习起到很好的指导作用。

第一章主要介绍建筑速写。建筑速写是一种方便快捷的图形记录方式。它要求在较短的时间内，简明扼要地将建筑的特点表现出来，即快速、概括地描绘建筑。建筑速写基础训练要有针对性才能让我们对建筑速写有清晰的学习思路，从而提高学习效率。

第二章主要介绍工具的性能，在训练中、不断研究中循序渐进地掌握，要根据具体情况有所选择，多练习多总结，让工具真正成为表现建筑速写的媒介。

第三章主要介绍建筑速写的线形。线形是构成的基本要素，是建筑速写的框架。正确流畅的线形能表现出生动的画面效果，同时线形也是一种原始的记录事物的符号。线形是对空间材质等具有思想的记录表现形式。

第四章主要介绍建筑配景，在建筑物某个特定的环境中，能突出建筑的功能与尺度，主要对植物、人物、车辆进行介绍。

第五章主要介绍建筑速写空间表现。建筑速写空间表现要在二维的平面上表现三维立体空间，必须借助一定的透视规律和视觉化的表现手段才能实现。在建筑速写步骤中，选景构图、整体深入、局部刻画及整体调整并非是一个程序化、公式化的步骤。它们常常是反复交替的，灵活运用整体观察方法、思维方法才是关键。

第六章是作品赏析。

编者

2015 年 2 月

目录

JIANZU SUXIE

第一章

建筑速写概论

JIANZHU SUXIE GAILUN

第一节

建筑速写的目的

建筑速写的目的是使学生在进入专业课学习的初始阶段培养良好的观察能力、分析能力、表达能力和审美能力。建筑速写作为专业基础课程是非常重要的。掌握准确的空间形态与准确的建筑比例、尺度关系，准确的透视规律运用也是学习建筑速写的目的。建筑速写作品如图1-1所示。

图1-1　建筑速写作品一

第二节

建筑速写的概念

建筑速写是一种方便快捷的图形记录方式，要求在较短的时间内，简明扼要地将建筑的特点表现出来，即快速概括地描绘建筑。在谈到建筑速写的时候，自然就要谈到对"速"与"写"的认识问题。一般情况下往往只注意"速"，而通常容易忽略"写"，其实建筑速写的意义，主要是"写"，而不是"速"。"写"，是一种具体的表现手法，其特点是概括、简练和正确的表达。建筑速写作品如图1-2所示。

图 1-2　建筑速写作品二

第三节
建筑速写的方法

　　坚持长期的、大量的表现训练，尝试多种训练方法，有目的、有针对性的训练才能让我们对建筑速写有清晰的学习思路，从而提高学习的效率和建筑速写水平。

一、建筑速写的临摹

　　临摹训练在建筑速写训练中是很有必要的。通过临摹掌握方法、规律及原理，要根据自己的现有能力，有选择、有目的地去临摹建筑速写。要有针对性地学习，明确在建筑速写作品的临摹过程中的学习内容，如：学习画面的构图，学习画面对建筑透视角度的选择，学习画面的表现手法，学习画面的线形运用，学习画面表现质感，学习画面空间的关系，学习线的排列组合重叠，学习画面表现光影等。只要目的明确就可以增强临摹的主动性而避免或减少临摹中的被动和盲目，从而由简到繁，循序渐进、有针对性地学习建筑速写。如果最初就选择一幅建筑结构复杂、表现难度较大的建筑速写进行临摹，这无疑是给我们带来不必要的麻烦。这样会觉得建筑速写太难学了，从而失去对建筑速写学习的兴趣和信心。如用单线表现的建筑局部构成的单体建筑，继而渐渐向比较复杂的建筑速写过渡，即使一幅简单的建筑速写，在动笔前也要对它进行认真的分析，研究画面的构图及透视关系，画面对建筑物的概括和取舍以及画面用线的特征，通过长期的努力，培养学习的兴趣、增强信心。建筑速写作品如图 1-3 和图 1-4 所示。

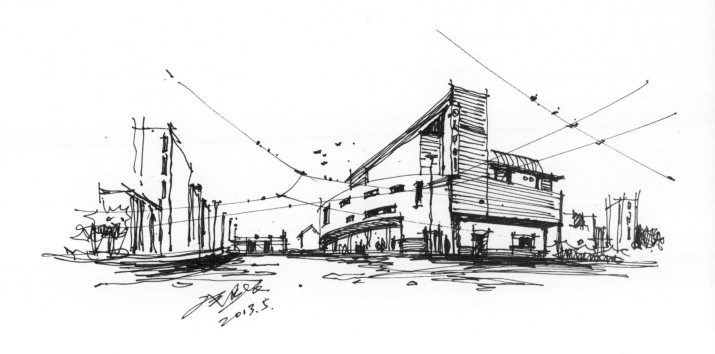

图 1-3　建筑速写作品三

图 1-4　建筑速写作品四

二、建筑速写的照片创作

对建筑环境照片进行建筑速写表现，这种对建筑环境的表现和创作也是一种学习方法。这种艺术再现的形式不仅在难度上比临摹建筑速写更大，而且为我们充分掌握表现技能提供了一个较大的自由空间。可以用各种形式去探索，为下一步写生打下良好的基础。建筑速写作品如图1-5和图1-6所示。

图1-5 建筑速写作品五

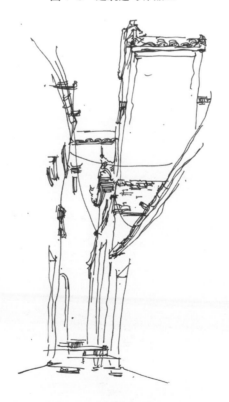

图1-6 建筑速写作品六

三、建筑速写的写生

在写生中要注意训练对尺度、比例、透视及各种结构的敏锐的观察与判断。最难把握的就是对尺度、比例的处理。其中一个重要因素就是建筑本身从整体到局部的尺度、比例的关系协调问题，在表现中因观察、判断和表现的失误而失去原有的关系。这一点恰恰是初学者常犯的错误。通过观察细部的结构与整体的比例关系，以及建筑与周边环境的尺度关系，进行分析判断，做好前期的准备后，再进行正确的表达。要养成细致观察、认真分析和正确表达的好习惯。

建筑速写作品如图 1-7 和图 1-8 所示。

图 1-7　建筑速写作品七

图 1-8　建筑速写作品八

第二章

建筑速写工具

JIANZHU SUXIE GONGJU

建筑速写的工具没有太多的限制，只要是便于携带的纸、笔就可以。就建筑速写来说，选择适当的工具材料表现建筑，可为建筑速写增添艺术效果。我们可按照对所表现物体的感受，来选择某种材料作为表现工具。工具和材料的不同，展示建筑速写的表现效果也就不同。建筑速写可用的工具有很多，如笔、纸、画板、墨水、颜料、橡皮、刀片等。其中，笔和纸是建筑速写最主要的工具。

第一节
笔的特性

建筑速写的用笔简单、便于携带。笔的种类很多，常用的有铅笔、炭笔、炭精条、钢笔、毛笔、圆珠笔、马克笔等。钢笔表现力丰富，根据运笔的速度、力度、方向等能表现出丰富的线形。美工笔在钢笔基础上更加丰富了线形的粗细变化。针管笔是建筑制图的基本工具。在建筑速写中常用纤维笔头的一次性针管笔，其性能容易掌握，各个方向运笔流畅，线形简洁明了。根据建筑速写要表现对象的特点与要求来选择不同的笔。

1. 铅笔

画建筑速写一般选择材质较软的 2B ～ 8B 之间的铅笔。用铅笔画建筑速写，其线条优美，干净利落。运笔的快慢，用力的轻重，甚至灵活地运用铅笔中锋、侧锋，可使线条产生粗细深浅的丰富变化。侧锋也可平涂。对初学者来说，铅笔最容易掌握，也最为常用。

2. 钢笔

钢笔有两种：一种是普通书写用的钢笔，另一种为写硬笔书法和画速写而特制的弯头钢笔。前者是只画单线，后者表现力强一些。用这些钢笔画速写，下笔必须果断、准确。因为不宜修改，所以不易掌握，但是能锻炼准确的判断力和准确落笔的感觉。用钢笔表现要求线形舒展、柔软、尖锐、钝拙、曲折、流畅，通过分散、密集、交错等线形来丰富线形的内涵与画面的表现。

3. 圆珠笔

圆珠笔与钢笔相似，工具简单，使用方便，流畅、自如、圆润，适于各种纸张，其特点是以线为主，线形没有深浅变化，可画简单流畅的单线，也可用排列密集的线形表现层次丰富的画面。

4. 针管笔

针管笔属于钢笔类型，根据型号，有细到粗的变化，使用时要注意运笔的角度。角度太小墨水不易通畅，影响作画效果。其特点是层次分明，但要靠换笔来实现粗细变化，一次性针管笔表现的效果会更好些。

5. 马克笔

马克笔的特点是线条流利且具有层次感。马克笔可粗可细，粗线条画出的效果粗犷豪放，细线条画出的效果浑厚圆润。马克笔在运笔的过程中，停笔时间不宜长，时间长画面会出现稍重的堆积现象，形成强烈的笔触。但用好了也可产生非常好的画面效果。

第二节
纸张的特性

纸张的种类也是很多的，一般来说都可以用来画建筑速写，钢笔、铅笔、炭笔、马克笔等都能在纸上记录线形。纸张的纹理对速写的视觉有直接的影响，如果巧妙地加以利用，可以产生各种不同的效果，充满创造力。根据不同的用途可以用不同的纸张，以适应不同的画笔。纸的种类大致可分为素描纸、复印纸、速写纸、宣纸、铜版纸、水彩纸，以及其他用于书写的纸。这些纸均可用来画建筑速写，不同的纸张表现效果不同。笔与纸结合使用时：用于铅笔、炭笔、炭精条的纸不宜太粗糙或过于光滑；用于钢笔、针管笔的纸宜光滑结实且有一定的吸水性；用于毛笔的纸宜粗糙，其吸水性更强。画建筑速写除用以上白纸外，还可择各种灰色纸张，这样的纸张也会出现意想不到的效果。

1. 素描纸
素描纸表面有纹理并且纸张吸附力强，表现出的线形浑厚有力，同时根据画笔工具的性能不同会出现丰富的线形变化。

2. 复印纸
复印纸表面光滑，运笔阻力小，并且纸张薄吸附力弱，表现出的线形流畅轻盈，便于深入刻画，对初学者是很好的选择。

3. 速写纸
速写纸便于携带可装订成速写本，纸张性能介于素描纸与复写纸之间，是户外写生很好的选择。

第三节
其他工具

其他工具有以下一些。

1. 橡皮
橡皮用于起铅笔稿时修正与后期清洁。

2. 取景框
取景框可用纸板自制，便于取景构图使用。

3. 速写画板
速写画板不宜太大，以便携带。

　　建筑速写的工具表现形式很多，从表现工具的使用角度来分，有铅笔速写、钢笔速写、炭笔速写、炭条速写、毛笔速写，有铅笔和色彩相结合来表现的铅笔淡彩速写，还有钢笔淡彩和炭笔淡彩等。使用不同的工具表现，最终所产生的艺术效果也是各不相同的。这里只有形式之别，不应去区分好坏。建筑速写取决于作者本身的艺术素养和基础表现能力，使用何种表现形式的工具，一是从习惯的适应性，二是从所表现建筑内容的适合性这两个方面来考虑和选择。对初学者来说，要紧的是认准哪种形式和工具最适合于建筑速写的基础训练。从基础训练的角度来讲，在诸多的表现形式中，通常比较好的是采用线形的表现形式，因为线形最单纯、最直接，表现建筑也最明确，再从这一角度来选择作画工具，铅笔、钢笔、针管笔最为理想。工具的性能是在训练中和不断研究中循序渐进地掌握，需根据具体情况进行选择，多练习多总结，让工具真正成为表现建筑速写的媒介。

第三章

建筑速写线形基础训练

JIANZHU SUXIE XIANXING JICHU XUNLIAN

第一节
线形的概念

　　线形是构成建筑速写的基本要素，是建筑速写的框架。正确流畅的线形能表现出生动的画面效果。同时线形也是一种原始的记录事物的符号。线形是对空间体积材质等具有思维的记录，线形在建筑速写中起到最重要的作用。在建筑速写中，线条是灵魂，线条的疏密、轻重、节奏具有非凡的表现力，线条的灵活性和多样性又使画面更具美感。在训练中让学生体会如何用线条来表现客观事物。

　　线形训练主要分为平面基础线形训练、空间基础线形训练和体积基础线形训练三大部分。建立三维的空间体积概念，这对表现建筑是很有必要的。

第二节
平面基础线形训练

　　垂直线形训练应注意线形的起笔收笔的位置要适当，线形之间的距离应均匀，可先练习画 5 cm 左右的短线，熟练后再进行 10 cm 左右的长线训练。同理进行水平线形训练。在垂直水平线形训练的基础上进行角度线形训练，注意线形之间的夹角应均匀，起笔收笔位置准确。垂直线、水平线与角度线形如图 3-1 所示。弧线线形（见图 3-2）训练与自由曲线线形训练可灵活多样，主要用于表现前期的放松训练，通过放松训练让我们尽快进入表现状态。同时以上训练还可以反方向训练，增强驾驭工具的能力。

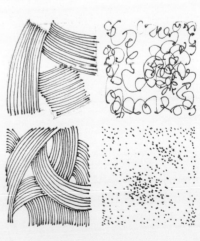

图 3-1　垂直线、水平线与角度线形　　　　　　　　图 3-2　弧线线形

第三节
空间基础线形训练

通过对平面基础线形训练，对线形有一定的掌握。而空间基础线形训练要建立在三维空间的基础上，通过线形的长短与线形的距离及透视规律，形成渐变的空间进深感（见图3–3）。运用线形的造型形态进一步加强空间线形的组织能力，将训练的成果有效地运用在建筑速写的实践中（见图3–4）。

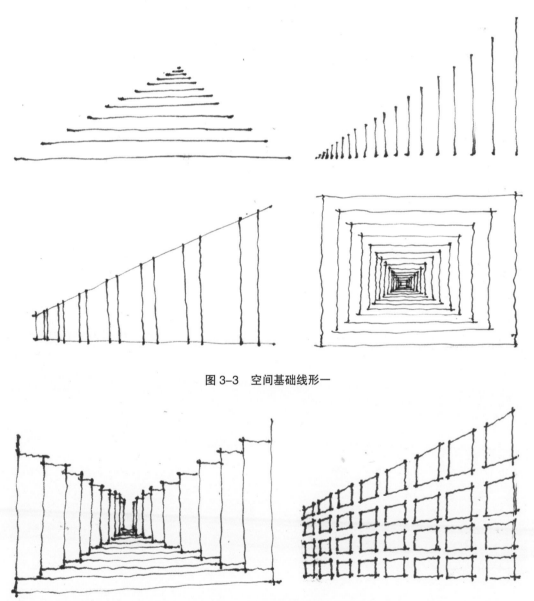

图 3–3　空间基础线形一

图 3–4　空间基础线形二

第四节

体积基础线形训练

　　通过阵列方体的方法，将线形进行合理的组织，形成有体积有空间的群体，使得对线形的控制变得更精准。对方体形态进行衍变增加细部结构，也可将明暗融入方体形态中，形成初步的建筑形态。这些对下一步的建筑速写训练有很好的指导作用。

　　体积基础线形如图 3-5 至图 3-7 所示。

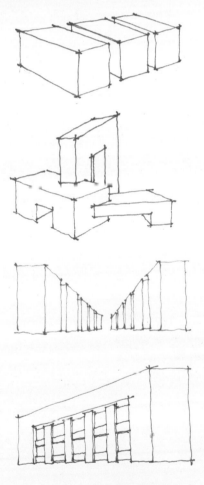

图 3-6　体积基础线形二

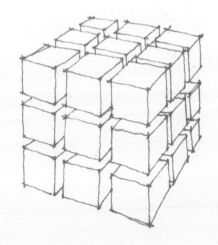

图 3-5　体积基础线形一　　　　　　图 3-7　体积基础线形三

第四章

建筑速写配景训练

JIANZHU SUXIE PEIJING XUNLIAN

　　画面上如果只有单独的建筑，必然显得乏味和单调。任何建筑都必然置身于一个特定的环境之中。这种环境中要有人物、植物或道路及车辆等，这是人类生存和审美的需要。建筑配景在某个特定的环境中，更能突出其建筑的功能与尺度。

第一节
植物配景训练

　　建筑速写中，植物虽然是配景，但也要重视它。画植物的难点往往在于其结构复杂，细节繁多，落叶枝权交错，密密麻麻，茂盛时绿叶层层叠叠（见图4-1）。这些都会令初学者困惑，感到无从下笔。实际上，再复杂的形态也是要先找出其特征，如它的形状、结构、比例和姿态。画树也不例外，无论它有多少细节，都可以统一在它的基本特征之中（见图4-2）。抓住了树的基本特征就等于从形式上控制了细节（见图4-3）。

图 4-1　植物配景一

图 4-2　　植物配景二

图 4-3　植物配景三

第二节
人物配景训练

　　人物配景在建筑速写中除了烘托建筑场景的功能，也是建筑尺度的一种参照物。建筑人物配景与普通的人物速写不同。建筑速写中主要强调建筑表现，人物配景只是起到烘托与参照的作用，所以不需要刻画出过多的细节，只需有大体的动势及高矮胖瘦（见图 4-4）或男女之分（见图 4-5）。在组织人物数量上追求数量或动势的变化，在远近距离上注意透视变化。

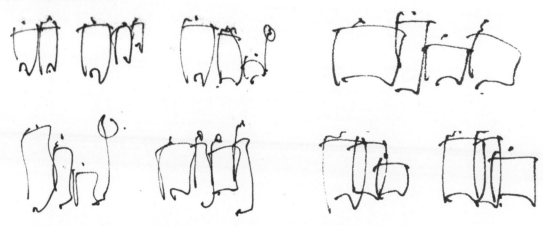

图 4-4　人物的大体动势及高矮胖瘦

图 4-5　人物的男女之分

第三节
车辆配景训练

　　车辆配景在建筑环境中也是经常出现的，要注意车辆的尺度与透视，使车辆与建筑融为一体，要了解车辆细部的构件的位置与形态，如车灯、牌照、后视镜、车门把手、轮胎、防护板等。同时要对多种车辆形态有一定的了解，如轿车、越野车、商务车、客车等。通过大量训练，记忆并默画以上形态（见图 4-6）。

图 4-6　车辆配景

第五章

建筑速写的透视与步骤

JIANZHU SUXIE DE TOUSHI YU BUZHOU

第一节
建筑速写透视

在建筑速写的表现中，要在二维平面上建立三维空间，借助几何画法及建筑阴影透视规律和视觉化的表现手段才能实现。从透视学的角度分析，透视其一可以依赖焦点透视法（也称之为线性透视法）实现。这种透视法中，物象是在现实的空间中由其物理属性所决定的空间结构因素。其二可以依靠空气透视法实现。这种透视法注重物象由于光的作用而形成的、不同结构具有的表面影调变化。建筑速写中对透视规律的运用主要是指焦点透视法的运用。它是依据近大远小、近高远低、近宽远窄、近长远短的原理，以物体的轮廓线和结构线为对象，表现空间距离的透视法。通常可以借助立方体来帮助理解建筑速写中不同透视的运用及其表现特征。

建筑速写透视作品如图 5-1 所示。

图 5-1　建筑速写透视作品

一、一点透视

一点透视也称平行透视，是指立方体的透视只有一个消失点，且立方体中有一个面与画面平行的透视形式。一点透视的最大特点是所有与画面垂直的平行线都消失在心点(视点对物体的垂直落点)上。因此，灭点统一、动向集中、线条整齐是其空间表现特征，具有均衡、稳定、庄重的视觉感受。在建筑速写中，一点透视的运用，常常选取建筑主体各个面中的一个与画面平行的面，而其他的各面则向远处消失，并且主要透视线都集中在心点上。这种透视对于强化画面的进深关系，表达建筑速写中各个形体的空间深度感最为有力，如延伸的街道或层次较多的建筑空间等（见图 5-2）。

图 5-2　一点透视作品

二、二点透视

　　二点透视是建筑速写常用的一种透视形式。在建筑写生中，与地面垂直的线都平行于画面左右两个边，画出来依旧呈垂直状态，向远处消失的线则分别集中在两个消失点上。其特点是可以同时看到建筑的两个面，消失点的定位可以距主体建筑一远一近，既强化了建筑物的体积感，又增强了画面的灵活性（见图 5-3）。

图 5-3　二点透视作品

第二节
建筑速写的步骤

建筑速写在开始画之前，要有立意，要有想法，要对所画景物做出一种有目的的内容选择。画同一个景，因作画时的着眼点不同，而在作品中所反映出的内容和情调就会产生很大的差别。要整体观察所画物象，这是画速写不可缺少的过程，也就是从大处着眼，体会物象外部的形和内在神的变化，把握第一印象中的感触或打动你的地方。在这个过程中，需要从不同角度去选择最佳视角，当确定作画角度与位置时，再进一步观察研究，真正做到胸有成竹。

一、整体画法

在对建筑进行写生时，整体观察的方法是造型艺术必须遵循的基本规律。先从整体出发，把握所画物体的整体关系，把各个部分联系起来观察，形成一个有机的整体。在具体写生时：首先，要画出建筑的大的结构、形体、比例和透视关系；其次，深入刻画局部；最后，从整体把握整个画面的效果。整体轮廓画法如图5-4所示。

图5-4 整体轮廓画法

首先，勾画出大体轮廓（见图5-5）。在对景物写生时：先用铅笔或用"点"定下景物的大体布局，并勾出景物的轮廓；在布局和勾轮廓的同时，进行仔细观察，明确景物各部分的比例关系、透视关系等；结构复杂的景物，还需画出景物的一些消失线、消失点作为辅助。在大轮廓基本准确的基础上，再用线把画面中所需表现物象的形体和结构进一步交待清楚，力求画得准确，为下一步的刻画打下基础。

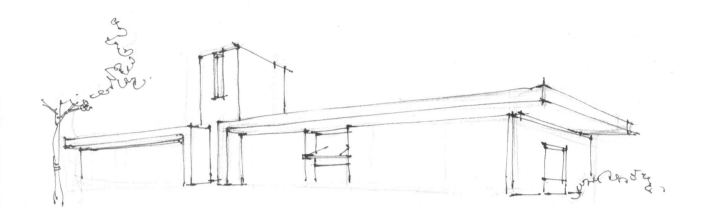

图 5-5 勾画出大体轮廓

　　其次，建筑速写的细部刻画（见图5-6）。通常作铅笔或木炭速写时，大多采用由淡到深，层层加深色调的画法；钢笔速写则不能这样，而是要求一次完成各个局部景物的刻画。因此，落笔之前必须仔细观察所画对象，比较前、中、远景物的色调差异，准确地选择所使用线条和笔触。画面上什么景物先画，什么景物后画，要从整个构图出发，做到胸有成竹，有条不紊。刻画局部时，务必要时时注意到整体。每个局部形象的刻画，不仅是最花功夫的一步，而且是决定成败的一步。

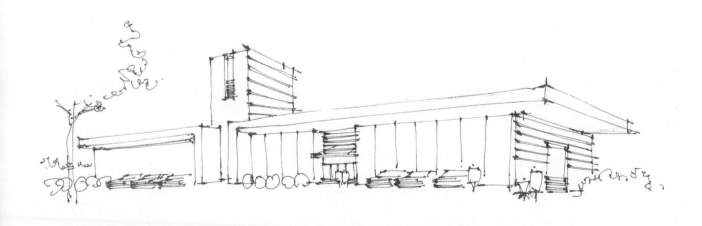

图 5-6 建筑速写的细部刻画

最后，统一调整（见图5-7）。当完成各个局部景物的刻画之后，就要对整个画面进行统一调整工作，使局部之间更加协调。

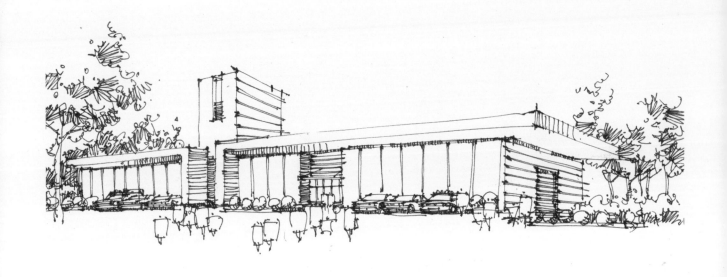

图5-7 统一调整

二、局部画法

局部画法，就是从画面的一个局部开始刻画。与"整体—局部—整体"画法不同的是，这种画法是集中精力从一个局部细致地加以刻画。基本上是一次就把这个局部画得比较完整。然后再推着向四周展开，一般来说，选择的某个落笔的局部，就是画面的视觉中心。此种画法看似简单，其实很难把握。要求在落笔之前对画面的构图、景物的布局、透视的变化、色调的明暗远近层次、使用什么样的线条，都要做到心中有数。

局部画法刻画如图5-8所示。

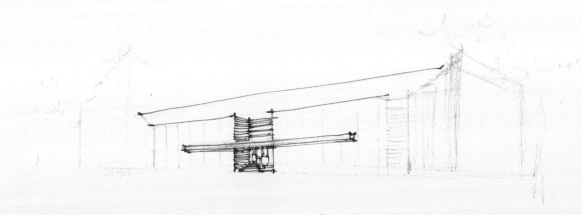

图5-8 局部画法刻画

首先是观察分析，通过取景框可以看看远景、中景、近景，分析哪里是视觉中心，哪里是需要淡画的，以及各个景物在画面所占的空间。取景如图 5-9 所示。

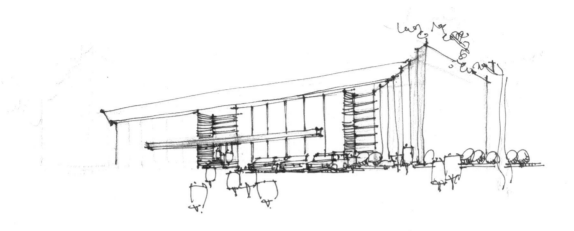

图 5-9　取景

其次是起笔，一般来说起笔是从视觉中心的近景开始展开，以这个位置作为一个坐标，以便确定其他景物的高度和位置。画完近景接着向其他部位展开，画远处的景物和中景，抓住建筑物的大小、高低比例，画准建筑的透视非常重要。起笔如图 5-10 所示。

图 5-10　起笔

最后调整不能过于放松，对不足之处加以补充，对错误之处加以修改。最后调整如图 5-11 所示。

图 5-11　最后调整

面对繁杂的景物进行分析，切忌照搬，避免画面杂乱无章。对景物进行观察、选择、取舍，才能更主动明确地把握画面。要选择自己感兴趣的，并有一定典型性的场景选择构图，还要进行取舍，实现统一的画面效果。

第六章
建筑速写作品赏析
JIANZHU SUXIE ZUOPIN SHANGXI

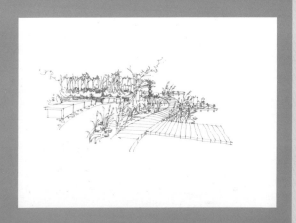

任何艺术形式都具有很强的实践性，建筑速写也是如此。有关建筑速写的理论以及建筑速写的表现技法的论述从字面上看是很容易理解的，但它真正的含义是什么，它要在表现中解决哪些问题，这恐怕并非短时间就能理解的。如常说的绘画的整体性这个观察认识、思维和表现的统一体，说起来多么简单，但做起来又是何等的不容易。又比如在写生中对客观物象的取舍，说起来也是那么简单，但舍什么取什么，在写生中却又不甚了然，往往是该舍的没有舍，该取的没有取。只有在不懈的实践中才能一步步地加深理解和感悟，才能培养整体观察能力和建立绘画的整体观念，才能真正明白如何根据不同的物象和画面表现的需要来进行取舍、概括和提炼。只有在不懈的实践中才能丰富绘画技巧和表现手段，才能从"无理作画"到"以理作画"，进而达到"以情作画"的境地；只有在实践中才能检验知识的掌握程度，并从中发现欠缺和不足。实践中必然有成功和失败，但不管成功或失败，都要清楚是什么因素导致的。善于总结，集少成多，形成经验。这些只有在实践中慢慢体会才能得以掌握。

建筑速写作品如图 6-1 至图 6-33 所示。

图 6-1　作品一

图 6-2　作品二

图 6-3　作品三

图 6-4　作品四

图 6-5　作品五

图 6-6　作品六

图 6-7　作品七

图 6-8　作品八

图 6-9　作品九

图6-10　作品十

图 6-11　作品十一

图 6-12　作品十二

图 6-13　作品十三

图 6-14　作品十四

图 6-15　作品十六

图 6-16　作品十五

图 6 17 作品 | L

图 6-18 作品十八

图 6-19　作品十九

图 6-20　作品二十

图 6-21　作品二十一

图 6-22 作品二十二

图 6-23　作品二十三

图 6-24　作品二十四

图 6-25　作品二十五

图 6-26　作品二十六

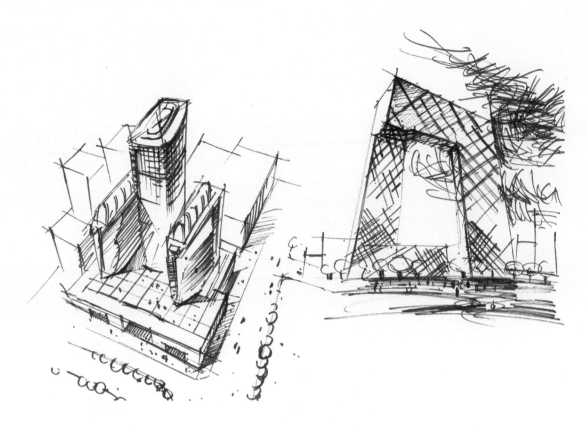

图 6-27 作品二十七

图 6-28 作品二十九

图6-29　作品二十八

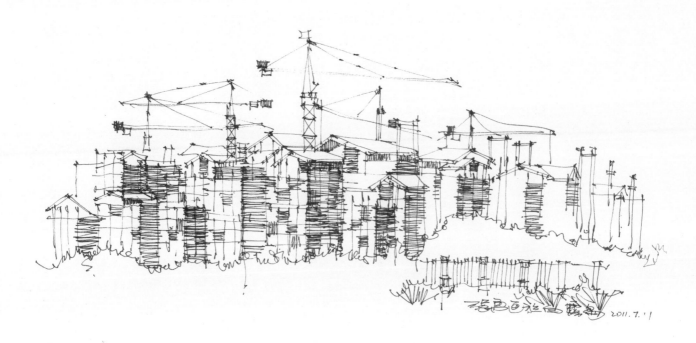

图 6-30　作品三十

图 6-31　作品三十一

图 6-32　作品三十二

图 6-33　作品三十三

[1] 赵英斌.速写[M].武汉：华中科技大学出版社，2011.

[2] 张成忠.设计速写[M].北京：北京理工大学出版社，2004.

[3] 林钰源，林小燕.速写[M].广州：岭南美术出版社，2004.

参考
文献

JIANZHU SUXIE